Carl Heinrich Schellbach.

Gedächtnisrede

gehalten

in der Aula des Königlichen Friedrich-Wilhelms-Gymnasiums

am 29. Oktober 1892

von

Felix Müller.

(Mit einem Bildnis Schellbach's.)

Berlin,

Druck und Verlag von Georg Reimer.

1893.

In unsrer Brust Dein edles Bild
Steht unverblichen ernst und mild;
Die Stirn umwölkt, das Auge klar,
Das auch dem Schwachen freundlich war,
Aus dem ein frohes Leuchten drang,
Wenn junge Kraft beharrlich rang,
Bis endlich ihr der Sieg gelang.

(Paul Heyse.)

Unser Leben währet siebenzig Jahre, und wenn es hochkommt, so sind es achtzig Jahre, und wenn es köstlich gewesen ist, so ist es Mühe und Arbeit gewesen. Psalm 90,10.

Hochansehnliche Versammlung!

Als wir vor fünf Monaten am Sarge Carl Schellbach's standen, da vermochten selbst die herrlichen, trostreichen Worte des Psalmisten, die Ihnen soeben wieder erklungen sind, unsere tiefe Trauer nicht zu lindern. Unser Gemüt stand unter dem erschütternden Eindruck der unerwarteten Trauerbotschaft. Wir gedachten nur des unersetzlichen Verlustes, den wir durch den Tod des hochverehrten Lehrers, des lieben Kollegen, des teuren Freundes, des geliebten Angehörigen erlitten hatten. Zwar sind wir auch heute noch betrübt in dem Gedanken, daß das klare Auge für immer geschlossen ist, dessen freundlicher Blick so wohlwollend auf uns geruht, daß der Mund für immer verstummt ist, der mit so ergreifender Begeisterung das Glück des Lehrerberufes predigte; aber unsere Betrübnis wird gelindert durch die Erinnerung an das, was unvergänglich an ihm war, durch die Erinnerung an den reichen Segen, von dem sein langes Leben begleitet war, durch die Erinnerung an die tausendfältigen Früchte, die sein Wirken getragen hat und noch tragen wird bei späteren Geschlechtern.

Wenn ich es wage, der ehrenvollen Aufforderung meiner Freunde und Berufsgenossen zu folgen, und versuchen werde, Ihnen, hochgeehrte Anwesende, in dieser Stunde ein Bild von dem Leben und der Wirksamkeit Carl Schellbach's zu entwerfen, so geschieht es lediglich in der Hoffnung, daß das Gefühl des Dankes für alles, was er mir gewesen, meine Kräfte stärken möge, um diese Pflicht der Pietät erfüllen zu dürfen.

Carl Heinrich Schellbach wurde am 25. Dezember 1804 geboren. Seine Eltern waren gerade auf der Rückreise nach Eisleben, woselbst sie ansässig waren. In der Geburtsstadt Luther's ist Schellbach aufgewachsen und erzogen. Hier hat er die ersten Eindrücke empfangen, die für sein späteres Leben entscheidend wurden. Seine Eltern lebten in bescheidenen, fast dürftigen Verhältnissen; doch ermöglichte ihm das Wohlwollen andrer guter Menschen, das Gymnasium zu besuchen. Einer seiner Verwandten, der Lehrer an dem dortigen Gymnasium war, nahm sich des Knaben an, obwohl er selbst arm war; denn sein kärgliches Gehalt wurde nach dem wechselnden dürftigen Ertrage des Mansfelder Bergbaues bemessen und betrug oft jährlich nur wenige Thaler. Von diesem Verwandten wurde Schellbach mit Büchern versorgt. Durch seine Fürsprache erhielt der Knabe eine Freistelle im Gymnasium. Ihm verdankte er auch die frühzeitige Neigung zur Mathematik. Daneben zeigte der junge Schellbach auf der Schule ein lebhaftes Interesse für die Geschichte. Besonders die Helden des Altertums, die nicht nur durch ihre Tapferkeit glänzten, sondern auch durch die Reinheit ihres Charakters ausgezeichnet waren, zogen ihn mächtig an. Diese Heldengestalten suchte sich Schellbach auf der Schule durch die Zeichnung anschaulich zu machen. Seine

Angehörigen bewahren jetzt noch von ihm ein Bild des Leonidas, der die Schar seiner Spartaner, denen alle Hoffnung auf Sieg geschwunden war, zum Todeskampfe für's Vaterland ermutigt.

Fast 20 Jahre alt, bezog Schellbach die Universität Halle, um Mathematik, Physik und Philosophie zu studieren. Was er von dieser Zeit an erstrebt, und wie er gerungen, das schildert er selbst in kurzen, gedrungenen Sätzen in einer kleinen Schrift, die er bei seinem Jubelfeste seinen Freunden überreichte. Sie trägt den charakteristischen Titel: „Sechzig Jahre aus Müh' und Arbeit". — Ein unbestimmter Wissensdrang beseelte den jungen Studenten. Eine innere Stimme sagte ihm: „Lerne etwas, was des Wissens wert ist: suche Wahrheit." Sein Verwandter und Wohlthäter hatte ihm den Rat gegeben, Mathematik und Physik zu studieren. Zu Halle lehrte damals Johann Friedrich Pfaff, einer der scharfsinnigsten Mathematiker. Seine Vorlesungen waren für Schellbach wenig fördernd. Sie reichten nicht über die Elemente der ebenen Trigonometrie hinaus, wie sie in der Sekunda des heutigen Gymnasiums gelehrt werden. Auch schlossen sie leider bald mit dem Ausbruch einer lange befürchteten Geisteskrankheit. In höherem Grade fesselten den jungen Studenten die geist- und phantasiereichen Vorträge Schweigger's, des Erfinders des Multiplikators, der neben der Professur für Physik auch diejenige der Chemie inne hatte. Seine hinreißende Begeisterung und Verehrung für die Weisheit der Urvölker des Orients ließ in dem jungen, phantastischen Studenten den Plan einer Reise nach dem Orient aufkeimen, um an der Quelle die Weisheit der Brahmanen zu studieren. Glücklicherweise scheiterte dieser Plan; die schneidende Kritik Meckel's, des großen Anatomen, ernüchterte den jungen Phantasten. Hörten auf diese Weise die weiteren Impulse für die mathematischen und physikalischen Studien Schellbach's gänzlich auf, so befleißigte er sich desto ungestörter der Philosophie. Sie sollte ihm helfen, die Rätsel der Welt zu lösen. Damals blühte zu Halle die Hegel'sche Philosophie unter Hinrichs. Bei dem ersten Besuche, den Schellbach diesem Philosophen machte, war der junge Student erstaunt, kein einziges Buch an den Wänden des Studierzimmers zu finden; auf dem Tische lagen nur Hegel's Logik und Hinrichs' Religionsphilosophie. Dem jungen Manne imponierte die gewaltige Wissenschaft, die sich ohne literarische Beihülfe aus dem reinen Geiste hatte herausarbeiten lassen. „Ich selbst hatte auch sehr wenig Bücher", erzählt Schellbach, „durfte also hoffen, durch meine Armut nicht in meinen Studien gehemmt zu werden." — Die größte Bewunderung erweckte ihm das gewaltige Werk Hegel's, die Phänomenologie des Geistes, besonders durch den fast mathematischen Weg, der hier zum Ziele führte. Das beschwerliche Studium dieser alle Wirklichkeit negierenden Philosophie schloß aber die große Gefahr in sich, daß es alle speziellen Studien verachten lehrte. Es waren Kämpfe jeder Art, die Schellbach in Halle zu bestehen hatte. — Unter schwerem geistigem Ringen, bei dem allein die Dichter und Philosophen seine Blicke nach oben gerichtet hatten, waren 5 Jahre des Suchens dahingegangen, ohne daß ein bestimmtes Lebensziel von ihm ins Auge gefaßt worden war.

Im Jahre 1829 riefen ihn Freunde nach Berlin. Er nahm eine Stelle als Lehrer der Naturwissenschaften an einer höheren Mädchenschule an. Jetzt wurde Schellbach der Mathematik wieder gewonnen; sie rettete ihn mit ihrer unerbittlichen Denkzucht aus dem Labyrinth unklarer Phantasien. 5 Jahre lang nahm er kein anderes als ein mathematisches Buch in die Hand.

Die Frucht dieser harten Arbeit war die Bekanntschaft mit zweien der bedeutendsten Berliner Gelehrten, mit dem Mathematiker Lejeune-Dirichlet und dem Chemiker Mitscherlich. Ihr hervorragendes Lehrtalent und der Umgang mit ihnen wurden für das ganze zukünftige Leben Schellbach's von der höchsten Bedeutung.

Im Jahre 1834 promovierte Schellbach zu Jena und ward dann durch Professor Dirichlet dem Direktor Ribbeck so warm empfohlen, daß ihn dieser ohne Examen zum Nachfolger Dove's als Lehrer der Mathematik und Physik an das Friedrich-Werdersche Gymnasium berief. Der Physiker Dove übte eine mächtige Anziehungskraft auf Schellbach aus. Bald sollte eine innige Freundschaft beide Männer verbinden.

Sieben Jahre hindurch war Schellbach am Friedrich-Werderschen Gymnasium thätig. Er wäre daselbst gern geblieben, wenn die Mittel der Stadt damals so reich gewesen wären wie heute. Im Jahre 1841 folgte er Dove an das Königliche Friedrich-Wilhelms-Gymnasium. Daneben lehrte er mit ihm seit 1843 zugleich an der Königlichen Kriegsakademie und später auch am Gewerbeinstitut, sowie auch an der Artillerieschule. In demselben Jahre wurde Schellbach Mitglied der wissenschaftlichen Prüfungskommission.

48 Jahre hindurch hat er dem Königlichen Friedrich-Wilhelms-Gymnasium als Lehrer angehört. 92 mal war er an der Prüfung der Abiturienten beteiligt; 3 Direktoren hat er in ihrer Wirksamkeit unterstützt. Mit dieser Anstalt verband er das von ihm zu Ostern 1855 gegründete „mathematisch-pädagogische Seminar“, ein Institut zur

Ausbildung der Lehrer der Mathematik und Physik an Gymnasien und Realschulen. Die Ueberzeugung, daß Mathematik und Physik einen gleich hohen Wert für allgemeine Menschenbildung in sich tragen wie die humanistischen Wissenschaften, verfocht er hier mit seltener Begeisterung. Neidlos ließen ihn seine philologischen Kollegen gewähren; denn er war, wie Geheimrat Wiese von ihm gesagt hat[1]), ein liebenswürdiger Enthusiast für seine Wissenschaft. Das Glück, welches er in seinem Berufe fand, verbreitete sich wie Sonnenschein auch auf seine Berufsgenossen. „An seinem eminenten Wissen konnten wir unser eigenes messen," sagte von dieser Stelle aus ein gelehrter Berufsgenosse Schellbach's. Um die anregende Frische, mit der er noch im hohen Alter unterrichtete, konnten ihn selbst die jüngsten Kollegen beneiden. Im Jahre 1889 trat Schellbach in den Ruhestand. Seine geistige Regsamkeit bewahrte er sich bis in seine letzten Tage. Nach Weihnachten vorigen Jahres fingen seine körperlichen Kräfte an zu schwinden. Er war gezwungen, im Bett zu bleiben; später erholte er sich anscheinend wieder. Auf dem Sopha sitzend las er viel in der Bibel oder vertrieb sich durch Schachspielen die Zeit. Noch am Sonnabend vor seinem Tode machte er Gehversuche, die sehr günstig ausfielen und in ihm die Hoffnung erweckten, daß er bald wieder in der Frühlingssonne spazieren gehen dürfe. Aber am Sonntag den 29. Mai früh erwachte er mit Schüttelfrost; bald trat Besinnungslosigkeit ein, und schmerzlos verschied er am Abend des selbigen Tages. —

Wie ein goldener Faden zieht sich durch das Leben Schellbach's sein Verhältnis zum Kronprinzen Friedrich Wilhelm von Preußen, dem nachmaligen Kaiser Friedrich III. In einer kleinen Schrift: „Erinnerungen an den Kronprinzen

Friedrich Wilhelm von Preußen" [2]) gedenkt der greise Lehrer mit Freuden der Zeit, wo er den jungen „lieben Prinzen", von dessen 12. bis 18. Lebensjahre, in der Mathematik und Physik zu unterrichten das Glück hatte. Dieser Unterricht war von dem schönsten Erfolge begleitet. Er pflanzte zugleich in dem Kronprinzen die herzliche Liebe und Verehrung für seinen Lehrer. Als Seine Königliche Hoheit nach vollendeten Universitätsstudien zu Bonn wieder nach Berlin zurückkehrte, wurde der Unterricht in der Mathematik und Physik wieder aufgenommen. Schellbach schildert das lebhafte Interesse, welches der Hohe Herr an diesen Wissenschaften nahm. Im Jahre 1855 suchte Schellbach den Einfluß des Königlichen Schülers zu benutzen, um den Verlust abzuwenden, der der Berliner Universität durch die Berufung Dirichlet's nach Göttingen drohte. Des Lehrers Glück erreichte seinen Höhepunkt, als nach der Vermählung Seiner Königlichen Hoheit mit Princeß Victoria, Princeß Royal von Großbritannien und Irland, auch diese für Kunst und Wissenschaft begeisterte und hochbegabte Kronprinzessin an dem Unterrichte teilnahm. Sie war in der Heimat durch weltberühmte Lehrer, wie Faraday und Hofmann, in die naturwissenschaftlichen Studien eingeweiht worden.

Zwei Jahre später, im Jahre 1860, suchte Schellbach Seine Königliche Hoheit den Kronprinzen für den Gedanken zu interessieren, der Unterricht in den oberen Klassen der Gymnasien möge künftig einen größeren Wert auf die mathematischen und physikalischen Wissenschaften legen. Seine Königliche Hoheit beteiligte sich selbst an einer Konferenz, welche der Kultusminister von Bethmann-Hollweg berief, um dieser Frage näher zu treten. Man war damals in maßgebenden Kreisen von der Bedeutung der mathematischen Wissenschaften für die Bildung noch nicht so überzeugt wie in unsern Tagen.

Schellbach hatte die Genugthuung, daß der Kronprinz in der ihm eignen leutseligen Weise versicherte, er zweifle nicht, daß die Behörden sich angelegen sein lassen würden, neben den alten Sprachen auch für die mathematischen Wissenschaften mehr und mehr zu thun, was ihnen in unserer Zeit gebührt, und Schellbach werde vielleicht durch Berichte über das, was er bei gelegentlichen Revisionen des mathematischen und physikalischen Unterrichts gefunden, auch seinerseits dazu behülflich sein.[3]) — Eine Folge dieser Konferenz war die Gründung des mathematischen Seminars an der Berliner Universität.

Von der herzlichen Teilnahme, welche Seine Kaiserliche Hoheit dem Geschicke Schellbach's und seiner Familie erwies, zeugen mehrere Briefe, welche in dem vorher genannten Schriftchen angeführt sind. Der Königliche Schüler bewahrte seinem verehrten Lehrer die innigste Dankbarkeit bis zur letzten Stunde, wo der Tod den Edlen Dulder von seinen Leiden erlöste. Als Professor Schellbach aus seinem Amte schied, wurde ihm von Seiner Majestät unserm allergnädigsten Kaiser und König der Kronen-Orden II. Klasse verliehen, unter dem ausdrücklichen Bemerken, Seine Majestät wolle durch diese hohe Auszeichnung die Verehrung Ihres in Gott ruhenden Hochseligen Vaters für den Professor Schellbach ehren.

Als das äußere Zeichen der Zuneigung und der Dankbarkeit seines Königlichen Gönners pflegte Schellbach gern den Bau der Sonnenwarte zu Potsdam zu bezeichnen. Angeregt durch Schellbach hatten sich seine fürstlichen Beschützer, der Kronprinz und seine Gemahlin, um die Ausführung dieses astrophysikalischen Institutes auf das eifrigste bemüht. Die epochemachende Entdeckung der Spectralanalyse durch Kirchhoff und Bunsen, im Jahre 1861, hatte uns die Hieroglyphenschrift der Fraunhoferschen Linien lesen gelehrt. Bald darauf tauchte der Gedanke auf, hier in Berlin ein Observatorium zu errichten, das speziell zur Erforschung der physikalischen Erscheinungen auf unserer Sonne bestimmt sein sollte [4]). Die Entstehungsgeschichte des astrophysikalischen Observatoriums zu Potsdam lehrte, daß es neben dem anregenden Gedanken auch des politischen Aufschwungs unseres Vaterlandes bedurfte, um die Verwirklichung eines solchen Planes zu ermöglichen. Erst im Jahre 1874 konnte mit dem Bau der Sonnenwarte auf dem Telegraphenberge zu Potsdam begonnen werden. Hier entstand ein wissenschaftliches Institut ersten Ranges. Sein Forschungsgebiet beschränkte sich nicht bloß auf die Sonne; es war auch zur Förderung der Astrophysik, der jüngsten Zweigwissenschaft der Astronomie, und zugleich der tellurischen Physik bestimmt. Ebenfalls schon im Jahre 1872 hatte Schellbach in Ueberlegung gezogen, wie wünschenswert es wäre, ein Staatsinstitut zu besitzen, in dem praktisch die exakten Wissenschaften gefördert werden könnten. Zu dem Ende lud er eine Anzahl Gelehrter, die Herren von Helmholtz, du Bois-Reymond, Förster, Paalzow und Bertram, zu einer Konferenz bei sich ein, in der diesem Plane näher getreten wurde. Hier wurden die Keime gepflanzt zu der jetzt in Charlottenburg errichteten Physikalisch-Technischen Reichsanstalt.

So sehen wir, daß Schellbach mitten im wissenschaftlichen Leben stand, rastlos bemüht die Wissenschaft auf jede Weise zu fördern. Mit einer großen Zahl unserer bedeutendsten Gelehrten verband ihn ein inniges Freundschaftsverhältnis.

Die Art, wie Schellbach wissenschaftliche Probleme behandelte, erinnert an die Euler's, des Schöpfers der Funktionentheorie. Euler concentrierte zunächst seine Kräfte auf ein spezielles Problem und gelangte so zu einer speziellen Auflösungsmethode. Diese suchte er dann einem zweiten, jenem verwandten Problem anzupassen, darauf einem dritten und vierten. Euler stand, wie der geistvolle Hermann Hankel sagte[5]), „mit den einzelnen Problemen auf Du und Du". Eine ebenso wesentlich konkrete Natur war Schellbach; auch er gab sich mit wirklicher Liebe und Begeisterung dem Stoffe hin und ließ sich gleichsam von ihm treiben. Daher geht durch seine Schriften ein lebenswarmer Hauch; man liest zwischen den Zeilen die Begeisterung, zu der ihn die wunderbare Tiefe des Gegenstandes erhebt, die Freude, mit der ihn die Schönheit des Resultates erfüllt. Schellbach's mathematisch-wissenschaftliche Arbeiten betreffen hauptsächlich die algebraische Analysis, die Entwicklung der transcendenten Funktionen in Reihen, die Variationsrechnung, die elliptischen Funktionen, die Mechanik und die geometrische Optik. Alle sind dadurch charakterisiert, daß sie, von möglichst einfachen Vorstellungen ausgehend, Klarheit in das Wesen der Grundbegriffe zu bringen suchen und durch möglichst elementare Betrachtungsweisen und Rechnungen zu Resultaten führen, zu denen man sonst nur auf ziemlich beschwerlichen und dunklen Wegen gelangt war. Daher konnten viele der gewonnenen Methoden und Resultate auch im Unterrichte der Prima verwertet werden. Eingedenk des Newton'schen Ausspruches „Beispiele nützen mehr als Lehrsätze" werden in allen seinen Abhandlungen sowohl wie beim Unterrichte die vorgetragenen Lehren durch Beispiele erläutert und diese zum großen Teil selbst numerisch vollständig durchgerechnet.

Die meisten dieser Abhandlungen sind in dem Crelle-schen Journal für die reine und angewandte Mathematik erschienen, zu dessen Herausgebern Schellbach nach Crelle's Tode mehrere Jahre hindurch gehörte, zugleich mit Kummer, Borchardt, Kronecker und Weierstraß[6]).

Auf den Inhalt der einzelnen schönen Abhandlungen näher einzugehen, verbietet mir die Furcht, Sie, hochverehrte Anwesende, zu ermüden. Mit allen verfolgte der Verfasser lediglich den Zweck, jüngeren Mathematikern nützlich zu sein, und erntete dafür reichen Dank. Mancher rettete sich, — um nur ein Beispiel anzuführen —, durch die Lektüre der „Probleme der Variationsrechnung" aus dem Labyrinth Lagrange'scher Spekulationen auf die einfachen Wege, die hier zu denselben Zielen führen. Der Leser erfuhr die Thatsache, daß erfindungsreiche Köpfe, die sich lange Zeit in einer und derselben Gedankensphäre bewegten, Wahrheiten und oft ganze wissenschaftliche Gebiete entdecken, ohne den Weg dazu andern zeigen oder ihn selbst mit vollem Bewußtsein gehen zu können. — Eine Programmabhandlung vom Jahre 1877 „Ueber mechanische Quadratur" [7]) entwickelt auf kurze und leichtverständliche Weise die Formeln von Gaus und Cotes für die näherungsweise Berechnung bestimmter Integrale und zeichnet sich durch verschiedene Methoden, langsam convergierende Reihen in rasch convergierende zu verwandeln, aus. Im Jahre 1864 erschien Schellbach's Meisterwerk: „Die Lehre von den elliptischen Integralen und den Thetafunktionen" [8]). Dies Buch soll ein Führer in die Rechnung mit den Jakobischen Funktionen sein und mehr das Können als das Wissen der Leser befördern, also recht eigentlich praktische Zwecke verfolgen. Es wird gezeigt, wie mit Hülfe der Theorie der Thetafunktionen eine Reihe bestimmter Aufgaben der Mechanik, der Astronomie und Physik leichter und vollständiger zu lösen sind, als mit anderen bekannten Rechnungsoperationen [9]).

In Poggendorff's Annalen veröffentlichte Schellbach außer einer rein mathematischen Abhandlung aus der Mechanik und mehreren Aufsätzen zur Optik die Resultate seiner interessanten experimentellen Untersuchungen über die Gesetze des Luftwiderstandes und über akustische Anziehung und Abstoßung [10]). Eine Reihe von Beiträgen lieferte Schellbach noch in seinen letzten Jahren der Zeitschrift für den physikalischen und chemischen Unterricht. [11]) Unter diesen ist besonders hervorzuheben die neue Behandlungsweise der geometrischen Optik. Die bisherigen Darstellungen in den bekannten Lehrbüchern der Physik leiden an dem Hauptfehler, daß sie einen Lichtstrahl nicht als einen unendlich dünnen Lichtkegel, sondern als eine gerade Linie darstellen und den Ort des Auges unberücksichtigt lassen.

Um seine Schüler mit den Resultaten der neusten Entdeckungen auf dem Gebiete der Experimentalphysik bekannt zu machen, scheute Schellbach keine Mühe. Noch in den letzten Monaten seines Wirkens an der Schule hatte er den kühnen Plan, die epochemachenden Hertz'schen Versuche über elektrische Wellen auch seinen Schülern vorzuführen, und setzte alles in Bewegung, um dieses Ziel zu erreichen. Die Verwirklichung dieser Absicht wurde leider durch seine inzwischen erfolgte Pensionierung vereitelt. Ferner war er eifrig bemüht, einen Apparat herstellen zu lassen, der den von ihm entdeckten und berechneten leuchtenden Ring bei Convexlinsen sichtbar machte. Nicht vergessen dürfen wir ein vortreffliches Hülfsmittel beim Unterrichte der Optik, den „Atlas der darstellenden Optik von Engel und Schellbach" [12]). —

Als Schellbach in die wissenschaftliche Prüfungskommission eintrat, begann gerade das Principat in der Mathematik von den Franzosen auf die Deutschen überzugehen. Auf Euler war die Reihe der großen französischen Mathematiker gefolgt: Lagrange, Legendre, Monge, Carnot, Ampère, Fourier, Poisson, Cauchy, Poncelet u. a. In unserem Vaterlande thronte um die Wende dieses Jahrhunderts der einzige Gauß, der „Fürst unter den Mathematikern". Erst zu Anfang der 30er Jahre arbeitete eine ganze Reihe gleichzeitiger deutscher Mathematiker an dem Ausbau unserer Wissenschaft: obenan Jakobi, Lejeune-Dirichlet und Steiner, neben ihnen Möbius, von Staudt, Plücker, Eisenstein, Richelot, Hesse, Kummer u. a. Das stolze Gebäude unserer Wissenschaft entfaltete sich in diesem Jahrhundert durch die fleißigen Hände unzähliger Arbeiter aller Zungen so schnell nach allen Richtungen, daß der geistreiche Hankel zu dem Ausrufe berechtigt war „Möchte dieser herrliche Bau vor den Schicksalen des Turmes zu Babel bewahrt bleiben". — Während der Blütezeit Schellbach's als Examinator glänzte am Firmamente der Berliner Universität das große mathematische Fünfgestirn Steiner, Borchardt, Kummer, Kronecker, Weierstraß. Die größte Zahl der Kandidaten, welche Schellbach im Staatsexamen auf ihr Wissen und ihre Lehrbefähigung zu prüfen hatte, war von den soeben genannten Geistesheroen in die Tiefen der Wissenschaft eingeführt worden.

Hatte der Examinand das Glück gehabt, Schellbach's Schüler gewesen und während seiner Studienzeit durch den freundlichen Rat seines alten Lehrers unterstützt worden zu sein, so begann die Prüfung gewöhnlich mit den ermunternden Worten: „Wir brauchen uns ja nur etwas zu unterhalten“. Während der Prüfung zeigte uns dann Schellbach, daß wir bei unserem Fluge in die Höhe an Stellen des herrlichen Gebäudes der Mathematik vorbei geeilt waren, die wohl des Verweilens wert gewesen wären. Ja, gerade in den unteren Stockwerken befanden sich Schönheiten, deren Besitz weit müheloser zu erreichen gewesen wäre, und die wir über schwierigeren Problemen vernachlässigt hatten. Unsere Wissenschaft hat sich eben von jeher in ihren Hauptzügen frei aus sich heraus und unabhängig von jedem praktischen Bedürfnisse entwickelt. Die moderne Funktionentheorie, welche auf dem Abel'schen Theorem, der größten mathematischen Entdeckung dieses Jahrhunderts, basiert, sowie die neue Kurven- und Flächentheorie stehen noch heute der praktischen Anwendbarkeit sehr fern. Schellbach setzte dann wohl den Kandidaten, der ihm den Gang der Weierstraß'schen Vorlesung über Abel'sche Funktionen angegeben hatte, in Erstaunen durch die Frage: „Was haben Sie nun von dieser Theorie gehabt? Sagen Sie mir nur, was Sie damit anfangen können?“ Ihm ein Blatt Papier nebst Bleifeder reichend, fuhr er fort: „bitte, lösen Sie mir mit Hülfe des Abel'schen Satzes irgend ein nettes Problem. ‚Exempla plus prosunt quam praecepta‘, hat der große Newton gesagt.“ —

Hatten wir uns bisher bemüht, dem kühnen Gedankenfluge des größten jetzt lebenden Mathematikers zu folgen, so wies uns Schellbach die Kunst, das Gelernte fruchtbar zu machen. — Häufig trat man schon am Tage nach der bestandenen Prüfung in das mathematisch-pädagogische Seminar am Königlichen Friedrich-Wilhelms-Gymnasium ein [13]. Hier war die Stätte, wo dasjenige, was auf der Universität durch ernstes Studium gewonnen war, zu voller Reife gelangte. Als Mitglieder dieses Seminars hatten wir täglich und noch greifbarer als unsere nichtmathematischen Kollegen Gelegenheit, an dem eminenten Wissen Schellbach's das unsrige zu messen. In dem Bewußtsein unserer Kleinheit fanden wir es ganz berechtigt, wenn uns der Witz der lieben Schüler nicht Schellbach's Trabanten, sondern Schellbach's Atome nannte. —

Der Lehrer muß zugleich Gelehrter sein. Darin liegt das Geheimnis der äußeren wie der geistigen Disciplin, durch welche er die Klasse beherrscht; darauf beruht auch die Pietät der Schüler. Der Grad der Wissenschaftlichkeit bedingt zugleich die Stellung des Lehrers zu seinen Berufsgenossen.

Schellbach's Vortrag war lebendig und anregend; er bildete oft nur ganz kurze Sätze und begleitete seine Worte meist durch lebendige Bewegungen der Hände. Seine Methode war die heuristische; er selbst nannte sie eine sokratische. Er hatte sie ausgebildet durch das Studium der Philosophen. Mit ähnlichen Mitteln wie Sokrates die Philosophie versuchte Schellbach die Mathematik vom Himmel auf die Erde zu ziehen. Er lauschte die Gedanken den Schülern ab und brachte diese durch kurze Winke dahin, daß sie selbständig die Sätze fanden und die Wissenschaft frei aus ihrem Kopfe aufzubauen vermochten. Hierdurch wurde in den Schülern das Vertrauen auf die eigne Kraft gestärkt, und der Lehrer selbst hatte die Genugthuung, daß er von ihnen verstanden wurde. Schellbach selbst sagt von sich: „So übte ich mit Erfolg die beste meiner Künste, die Kunst zu schweigen."

Die Schüler wurden gewöhnt, für den Fall, daß ihnen etwas unklar war, sich durch Aufstehen zu melden und zu sagen: „Das habe ich nicht verstanden." Durch die Gegenfrage Schellbach's: „Was haben Sie nicht verstanden?" wurde der Schüler gezwungen, den Gedankengang des Durchgenommenen noch einmal anzugeben. Dies genügte meist, um das Dunkel zu beseitigen, welches das Verständnis getrübt hatte. Es ist die heilige Pflicht des Lehrers, alle, die sich seiner Führung anvertrauen, zu fördern. Ein altes Sprüchwort sagt: „Wo der gute Wille vorhanden ist, da findet sich auch der richtige Weg." Unsere Primaner lassen es im allgemeinen an dem guten Willen nicht fehlen. Darum sollen wir denen, welchen die Kräfte versagen, freundlich die Hand reichen, und dem, dessen Fuß zu gleiten beginnt, Stufen schlagen, die ihn sicher zur Höhe führen.

Vor ungefähr 35 Jahren erteilte in den mittleren Klassen eines hiesigen Gymnasiums den mathematischen Unterricht ein Mann, der sich durch eine Reihe geistvoller mathematischer Abhandlungen einen Namen gemacht hat. Dieser pflegte zu sagen: „Mit zweien von Euch kann ich mich beschäftigen, mit den übrigen 38 aber nicht, denn ihnen fehlt das mathematische Rad im Kopfe". Schellbach hat uns gelehrt, das mathematische Rad in jedem Kopfe zu entdecken und in Bewegung zu setzen. — Früher pflegten selbst wissenschaftlich gebildete Männer sich zu rühmen, daß sie niemals ein Jota von Mathematik verstanden hätten; heut würde es wohl für jeden Gebildeten beschämend sein, wenn er sich ein solches Armutszeugnis ausstellen müßte. In den weitesten Kreisen kennt man nicht nur die mannigfaltigen Anwendungen der Mathematik in der Astronomie, Physik, Mechanik und Technik; man ist sich auch des reichen Inhalts der reinen Wissenschaft selbst bewußt. Erst kürzlich wurde von dem Katheder unserer Universität herab betont, daß der Universitätsunterricht nimmer wirksam einzugreifen vermöchte, wenn dem jungen Manne das Handwerkszeug abgeht, dessen er bedarf um seine schwere Arbeit auszuführen[14]). „Er braucht die Mathematik, nicht um ihrer selbst willen, auch nicht bloß, um die Bewegungen der Himmelskörper zu verstehen. Auch die Physik ist allmählich eine mathematische Wissenschaft geworden. Selbst die Chemie und die Physiologie werden mehr und mehr genötigt, feinere Rechnungen auszuführen. Damit dringt der Forscher in das Verständnis der inneren Hergänge ein und lernt das Maß der lebendigen Kräfte nicht nur schätzen, sondern auch im voraus berechnen, um danach die praktische Benutzung derselben zu regeln." — Wie anders urteilte man einst von der Tribüne unseres Abgeordnetenhauses herab, von welcher leider verkündigt werden konnte, die ganze Mathematik an den Gymnasien sei nur deswegen eingeführt, um den Abiturienten das Zeugnis zu verderben[15]). „Diese Aeußerung eines unserer bekanntesten rheinischen Redner," — so erzählt Schellbach, — „schreckte mich nicht ab, weiter darüber nachzudenken, wie die Gedankenarbeit unserer Schüler erleichtert werden könne und wie sie sich selbst vor dem Verderben ihres Zeugnisses schützen könnten." An diese Erzählung Schellbach's wurden wir vor kurzem erinnert durch einen enthusiastischen Philologen. Derselbe wollte durchaus nicht die guten mathematischen Leistungen eines Schülers als Kompensation für dessen Schwächen in einer der alten Sprachen gelten lassen. Er begründete seine Weigerung mit der schmeichelhaften Aeußerung: „Mathematik können auch die unfähigsten Schüler lernen". Hätte doch unser Schellbach diese Worte hören dürfen! Sie legen Zeugnis ab von dem Wandel, den Er geschaffen, von den gewaltigen Fortschritten, welche die Methode des mathematischen Unterrichts in den letzten Dezennien gemacht hat, wenigstens in Preußen, wo dieser Unterricht die Signatur Schellbach's trägt.

Seine Methode war freilich zugleich bedingt durch seine Persönlichkeit. Sein reger lebendiger Geist vermochte Leben zu wecken und war seinen Schülern ein starker Antrieb zu höchster Anspannung ihrer Kräfte.

Es war den Schülern gestattet, selbst Aufgaben zu stellen oder die behandelten Aufgaben zu modifizieren. Dadurch wurde der Unterricht lebendig. Unüberlegten Bemerkungen wehrte die Furcht vor der Kritik der Mitschüler, die gestattet war. Mit Stolz erfüllte es die Schüler, wenn Schellbach sagte: „Da haben Sie einen ganz vernünftigen Gedanken gehabt; was kann der Lehrer nicht alles lernen durch seine Schüler!" — Schellbach legte zugleich großen Wert auf die Beherrschung der Muttersprache, auf Gewandtheit im deutschen Ausdruck. „Gut", pflegte er zu sagen, „aber nun sprechen Sie dasselbe so schön aus, daß es gedruckt werden kann". Durch diese wiederholte Aufforderung zeigte er, daß man auch in den mathematisch-physikalischen Lehrstunden der Pflege der Muttersprache gerecht werden kann, einem Momente, auf welches jetzt das Hauptgewicht beim Unterrichte gelegt wird. „Ohne die Hülfe der Sprache", sagt Schellbach, „werden stets die silbernen Schalen mangeln, in denen die goldenen Früchte unserer Wissenschaft dargebracht werden müssen, wenn sie die Mitwelt dankbar annehmen soll [16])."

Es war allgemein bekannt, daß Schellbach weit übet das Pensum der Gymnasien hinaus ging. Die Behandlung der algebraischen Analysis bot ihm Gelegenheit zu zeigen, daß die einzige Exponentialfunktion geeignet ist, sämtliche Vorgänge im Weltenraume darzustellen. In der analytischen Geometrie ward die Formel zum Bilde. Die Mechanik enthält in jeder ihrer Formeln Vergangenheit, Gegenwart und Zukunft. Die Aufgaben vom Größten und

Kleinsten vermögen selbst religiöse Vorstellungen zu festigen. Und das alles hätte Schellbach seinen Schülern verschweigen sollen, aus leerer Furcht vor dem Zuschwer? Sie begriffen mit ihm, wie die höhere Formel die niedere einschließt, und zuletzt ein einziges großes Wort die Wahrheit ausspricht.

Die Behörde ließ ihn gewähren. Dem Genius lähmt man nur ungern die Schwingen. Der Erfolg lehrte, wie berechtigt diese Weisheit war. Diejenigen Schüler Schellbach's, welche, durch ihn für die Mathematik begeistert, sich die Pflege dieser Wissenschaft zum Lebensberuf erkoren, waren ihrem Lehrer später dankbar, daß er ihnen die Brücke zwischen dem Gymnasium und der Universität geschlagen, die viele Studierende schmerzlich vermissen.

Die Persönlichkeit Schellbach's war es, seine eigene wissenschaftliche Richtung und Methode, welche dem mathematischen Seminar zu einem solchen Gedeihen verhalf. Mehr als hundert junge Mathematiker haben das Glück gehabt, unter Professor Schellbach's Leitung ihr Probejahr in der lehrreichsten Weise zu absolvieren. Sie sind hinausgegangen, bereichert an Kenntnissen und Fähigkeiten, um nach dem Vorbilde des Meisters ihrem Berufe weiter zu leben. Wer das Verzeichnis der Mitglieder des Schellbach'schen Seminars durchblättert, findet eine große Zahl wissenschaftlich bedeutender Männer. Mehrere derselben wirken oder haben gewirkt als Professoren an Universitäten und technischen Hochschulen [17]). Mit Stolz erfüllte es Schellbach, wenn er ihre Namen nennen und hinzufügen konnte: „Der Erste meiner Seminaristen sitzt auf dem Throne von Gauß [18])." Auch durch literarische Erzeugnisse ist das mathematische Seminar in ehrenvoller Weise in die Oeffentlichkeit getreten. Auf Anregung Schellbach's entstand eine Reihe von Werken, die zu den gediegensten Büchern der Schul-Literatur gehören. Im Jahre 1859 erschienen Mehler's Hauptsätze der Elementar-Mathematik[19]). Dieses Buch hebt sich aus der Flut von mathematischen Lehrbüchern besonders durch musterhafte Kürze vorteilhaft ab. Für den großen Beifall, den dasselbe in den Schulen fand, zeugt allein der Umstand, daß es gegenwärtig die 17. Auflage erfahren hat. Im Jahre 1860 erschienen: „Neue Elemente der Mechanik von Schellbach, bearbeitet von Arendt[20])." In diesem Werke sind die Grundbegriffe der Mechanik und die Hauptgesetze der Dynamik in seltener Einfachheit und mit nüchterner Klarheit entwickelt. Es giebt dieses Buch dem Lehrer den besten Wink, wie er die Vorstellung der Schüler über mechanische Prozesse zu läutern und zu entwickeln habe, und dient zugleich dem Studierenden als vortreffliche Einleitung in die höhere Mechanik und in die mathematische Physik. Ein drittes Werk, das unmittelbar aus dem Unterrichte Schellbach's hervorgegangen ist, hat den Titel: „Mathematische Lehrstunden von Schellbach," Aufgaben aus der Lehre vom Größten und Kleinsten, bearbeitet und herausgegeben von Bode und Fischer[21]). Es enthält eine Reihe pädagogisch höchst fruchtbarer Probleme über Maxima und Minima, welche Schellbach in der Prima des Gymnasiums durch die Wahl geschickter Methoden mit großem Erfolge behandelte. Auch dieses Buch wird manchem Studierenden als eine fruchtbare Einleitung in die höhere Analysis willkommen sein. Gleichsam ein zweiter Teil des eben genannten Werkes ist die Sammlung und Auflösung mathematischer Aufgaben von Schellbach, unter Mitwirkung von Lieber bearbeitet von Fischer[22]). Hier finden wir eine Fülle höchst interessanter Probleme, bei deren Auflösung die mannigfaltigsten Anwendungen des

Gelernten ermöglicht wurden. Alle diese Werke sind lediglich dem mathematischen Seminar zu verdanken. Mehrere Mitglieder des Seminars beteiligten sich an dem oben erwähnten Werke Schellbach's über die elliptischen Integrale durch Ausführung einzelner Rechnungen [23]). Auch bei den experimentellen Untersuchungen Schellbach's, von denen wir oben gesprochen, leisteten verschiedene dieser Mitglieder hülfreiche Hand. Das wertvolle physikalische Kabinett des Königlichen Friedrich-Wilhelms-Gymnasiums bot den Kandidaten willkommene Gelegenheit, sich in physikalischen Versuchen zu üben.

Mit innigem Danke werden die Mitglieder des mathematischen Seminars die vielfache Anregung zu wissenschaftlichen Arbeiten anerkennen, die ihnen geboten wurde. Hier lernten wir, daß „der Mensch das höchste Glück des Lebens in der Selbstthätigkeit findet, die aus der Erkenntnis der Wahrheit entspringt". Mit diesem Gedanken schließt die schöne Abhandlung, in welcher Schellbach gleichsam sein Glaubensbekenntnis uns beim Ausscheiden aus dem Seminar mit auf den Weg gab. Diese inhaltreiche und formvollendete Abhandlung trägt den Titel: „Ueber den Inhalt und die Bedeutung des mathematischen und physikalischen Unterrichts auf unseren Gymnasien" [24]). Jeder Gebildete sollte sie lesen, besonders aber der, dem die Erziehung der Jugend am Herzen liegt. Nirgends ist klarer und schöner die Bedeutung der Mathematik für die Gymnasialbildung gekennzeichnet, nirgends der Inhalt unserer Wissenschaft begeisterter geschildert worden. —

Diese Abhandlung bezeichnet zugleich den Höhepunkt der pädagogischen Wirksamkeit Schellbach's. Ihr folgte 21 Jahre später eine Schrift: „Ueber die Zukunft der Mathematik an unsern Gymnasien" [25]), welche, was Inhalt und

Form betrifft, jener bedeutend nachsteht. Ihre Entstehung fiel in die Zeit, wo mit größter Erbitterung der Kampf um die Priorität des Gymnasiums oder der Realschule geführt wurde, ein Kampf, dessen Wogen sich glücklicherweise heute geglättet haben. Die Freunde Schellbach's fürchteten nicht ohne Grund, daß diese Schrift in manchem Leser Mißverständnisse über die Stellung Schellbach's zur Realschulfrage hervorrufen könnte. — Schellbach lag es fern, zerstören zu wollen, was da groß und herrlich dasteht. Er dachte nicht daran, an den alten ehrwürdigen Säulen des Gymnasiums zu rütteln. „Wir wollen unseren Jünglingen nicht, wie Plato, den Tempel der Kunst verschließen", so ruft er aus, „wir wünschen nur, wir vermöchten ihnen den Tempel der Wissenschaft zu eröffnen." Die Mathematik soll gleichsam als zweiter Brennpunkt gelten in der Gymnasialbildung, neben den Sprachen. — Vielleicht waren es herbe Kämpfe, welche in dem greisen Verfasser eine gewisse Erbitterung erzeugt hatten. Vielleicht war es der Schmerz darüber, daß das mathematische Seminar, seine großartige Schöpfung, allmählich neueren pädagogischen Einrichtungen weichen sollte. Begreiflich ist der Schmerz des alten Schellbach; er trauerte darüber, daß man ihm seinen Tempel zerstörte. Wir alle, seine Freunde und Verehrer, trauerten mit ihm. Und wenn sich in diese Trauer des Greises die Erbitterung mischte, so wollen wir bedenken, daß kein Mensch ohne Fehl ist und daß auch Schellbach dem Irdischen seinen Tribut entrichtet hat.

Schellbach hatte ein weiches, fast kindliches Gemüt. Er war ein Mann von tiefer Religiosität. Er vermochte keinem wehe zu thun. War einmal ein hartes Wort gegen einen Schüler, der ihm Verdruß bereitete, über seine Lippen gekommen, so suchte er den Gekränkten bald wieder zu versöhnen.

Seinen Schülern bewahrte er, selbst über ihre Schulzeit hinaus, seine wohlwollende Gesinnung. Mit besonderer Herzlichkeit aber nahm er sich derjenigen früheren Schüler an, welche, durch ihn begeistert, sich der Mathematik widmen wollten. Für sie war er immer zu sprechen, ihnen erteilte er jederzeit bereitwilligst Rat bei ihren Studien. An ihn durften sie sich vertrauensvoll wenden, wenn sie beim Verständnis der Vorlesungen auf Schwierigkeiten gestoßen waren. Seine reiche Bibliothek stand ihnen jederzeit zur Verfügung. Unermüdlich besonders war er, konnte er ihnen in ihrem späteren Leben durch Empfehlungen behülflich sein.

Die Quelle der Wohlthat ist meist ein dankbares Herz. Noch im späteren Alter sprach Schellbach mit rührender Dankbarkeit von den guten Menschen, die ihm, dem Armen, in seiner Jugend beigestanden. Bald nachdem er in seinen Ruhestand getreten benutzte der 84jährige Greis seine freien Stunden, um diejenigen, welche ihm jemals einen Gefallen erwiesen, persönlich aufzusuchen und ihnen noch einmal zu danken: „Ich habe ein schweres Unrecht begangen“, so sagte er, „indem ich es unterlassen, denen, welche mich zu Dank verpflichtet haben, meinen Besuch zu machen. Aber mein Beruf nahm mich ganz in Anspruch; jetzt habe ich sogar erst Zeit, über mein Unrecht nachzudenken, das ich nun wieder gut machen möchte.“ Und so scheute er selbst weite Wege nicht, noch hohe Treppen, um diesem edlen Zuge seines Herzens zu folgen.

Ein Hauptcharakterzug Schellbach's war seine Bescheidenheit. Sein Vorbild war der große Newton, der am Abend seines Lebens von sich sagte: „Ich sammelte etliche Muscheln am Uferrande, aber der große Ocean der

Wahrheit lag unentdeckt vor mir.“ Diese herrlichen Worte hat uns der verehrte Lehrer ins Gedächtnis eingeprägt.

Man kann von ihm sagen, er war ein guter, ein edler Mensch, von echt christlicher Gesinnung. Sein ganzes Streben war darauf gerichtet, möglichst viele teilhaftig zu machen des Glückes, das die Wissenschaft gewährt. Ihm war das Lehren der Mathematik Religion. „Auch die geistig Armen sollten“, wie er sich auszudrücken pflegte, „Teil haben an dem Himmelreich.“

Daher fand er in allen Schichten der Gesellschaft, selbst in den höchsten Höhen, dankbare Schüler und Schülerinnen. Für die Liebe und Verehrung, welche er geerntet, legte die große Schar derer Zeugnis ab, die ihn auf seinem letzten Gange begleiteten. Hunderte von Leidtragenden näherten sich dem offenen Grabe des teuren Entschlafenen, um ihn betten zu helfen im Schoße der Erde und ihm zuzurufen: Ruhe in Frieden!

Lassen wir unsere Rede ausklingen in den Gesang eines unserer Dichter, der selbst Schellbach's Schüler war. Bei der Kunde von dem Dahinscheiden des verehrten Lehrers erklangen die Worte[26]):

„Ob unausbleiblich auch verhallt sein Namen,
Keimt unbeschreiblich Frucht aus seinem Samen;
Späte Geschlechter ernten seiner Thaten
Reifende Saaten.

Preis Dir, Gerechter, auf des Dankes Psalter,
Der Du mit echter Treue als Verwalter
Gottes hinieden reiche Saat beschieden.
Ruhe in Frieden!“

Anmerkungen.

Erläuterungen und Zusätze.

---

1) L. Wiese, Lebenserinnerungen und Amtserfahrungen. Berlin, Wiegandt & Grieben 1886. I. S. 219.

2) Berlin, Gebrüder Paetel 1890.

3) L. Wiese, l. c. I. S. 217—219.

4) „Die Königlichen Observatorien für Astrophysik, Meteorologie und Geodäsie bei Potsdam." Aus Amtlichem Anlaß herausgegeben von den beteiligten Direktoren. Berlin, Mayer & Müller 1890.

5) Hermann Hankel, Die Entwickelung der Mathematik in den letzten Jahrhunderten. Vortrag, Tübingen 1869. S. 16. Dieser geistvolle Vortrag wurde für den mathematisch-historischen Hintergrund in unserer Rede mehrfach benutzt.

6) Verzeichnis der Schellbach'schen Abhandlungen in Crelle's Journal für die reine und angewandte Mathematik:

1. Ueber den Ausdruck $\pi = \frac{2}{i} \log i$. IX, 404—406.
2. Ueber die Taylor'sche Reihe, nebst einer Anwendung auf die Zerlegung algebraischer Brüche. XI, 274—276.
3. Ueber die Zeichen der Mathematik. XII, 70—81; 148—166.
4. Ueber die Gaußische Formel zur näherungsweisen Berechnung eines bestimmten Integrals. XVI, 192—195.
5. Ueber das Integral der linearen Differential-Gleichungen höherer Ordnungen. XVI, 352—359.
6. Auflösung der Aufgaben 3, 4, 5 im vierten Heft des XV. Bandes. XVI, 360—362.
7. Ueber eine eigentümliche Entwicklung der Sinus- und Cosinusreihen nach Potenzen des Bogens. XVI, 363—365.

8. Ueber eine elementare Entwicklungsweise der einfachsten transcendenten Funktionen. XVII, 321—330.
9. Problem der Variationsrechnung. XLI, 293—363.
10. Eine Auflösung der Malfatti'schen Aufgabe. XLV, 91—92.
11. Eine Erweiterung der Malfatti'schen Aufgabe. XLV, 186—187.
12. Mathematische Miscellen. XLV, 255—282.
    I.—IV. Ueber die Bewegung eines Punktes, der von einem festen Punkte angezogen wird. 255 bis 262.
    V. Ueber den Krümmungskreis. 263—264.
    VI. Ueber den Krümmungshalbmesser. 265—266.
    VII. Eine Wirkung der Schwungkraft. 266—268.
    VIII. Ueber die Gesetze des Stoßes und die Ausflußgeschwindigkeit des Wassers aus kleinen Oeffnungen. 268—279.
    IX. Ueber den Schwerpunkt sphärischer Figuren. 279 bis 282.
    X. Zur Theorie des Additionstheorems der elliptischen Integrale. LIV, 59—67.
13. Die einfachsten periodischen Funktionen. XLVIII, 207 bis 236.
14. Ueber die Bewegung eines Punktes auf der Oberfläche eines Ellipsoids. LIV, 380—387.
15. Konstruktion der Bahn eines Punktes, der von einem festen Punkte nach dem Newton'schen Gesetze angezogen wird. LXXX, 194—203.
16. Eine geometrische Darstellung der Landen'schen Transformation. XCI, 347—348.

7) Programm des Königlichen Friedrich-Wilhelms-Gymnasiums zu Berlin.

8) K. H. Schellbach, die Lehre von den elliptischen Integralen und den Theta-Funktionen. Berlin, Georg Reimer 1864. VIII u. 440 S.

9) Die Anwendungen (S. 296—440) betreffen die Oberfläche des Ellipsoids, die Oberfläche des schiefen Kegels, die geodätische

Linie, das sphärische Pendel und die Drehung eines festen Körpers um einen festen Punkt.

10) Die von Schellbach in Poggendorff's resp. Wiedemann's Annalen veröffentlichten Abhandlungen sind folgende:

Ein Mittel, die Schwierigkeiten des Studiums der Katoptrik und Dioptrik zu erleichtern. Pogg. Ann. LXXVI, 606.

Eine Anwendung der Schwungkraft. Pogg. Ann. XC, 472.

Akustische Abstoßung und Anziehung. Pogg. Ann. CXXXIX, 670 u. CXL, 325 und 495.

Apparat zur Ermittelung der Gesetze des Luftwiderstandes. Pogg. Ann. CXLIII, 1.

Verallgemeinerung eines Attractionstheorems. Wied. Ann. VII, 674—679.

(Mit E. E. Böhm.) Ueber mechanische Wirkungen der Schallwellen. Wied. Ann. VII, 1—11.

(Mit E. E. Böhm.) Ueber die Brechung der Schallwellen. Wied. Ann. VIII, 645—648.

Das Minimum der Ablenkung eines Lichtstrahles im Prisma. Wied. Ann. XIV, 367.

11) Der Herausgeber dieser Zeitschrift, Fritz Poske, hat im Jahrgang V. S. 301—303 (August 1892) Schellbach einen warm empfundenen und pietätvollen Nachruf gewidmet. Die Beiträge, welche Schellbach der „Zeitschrift für den Physikalischen und Chemischen Unterricht" geliefert hat, sind folgende:

Beiträge zur geometrischen Optik. I, 185—193 u. 239—250.

Ein Schulversuch über Absorption und Emission des Lichtes. II, 82—83.

Der Gang der Lichtstrahlen in einer Glaskugel. II, 135.

Die Wirkung der Schwungkraft auf der Erdkugel. II, 177 bis 178.

Ueber eine unbekannte Eigenschaft der Convexlinsen. II, 291 bis 292.

Beiträge zur geometrischen Optik. [Neue Folge.] III, 12 bis 17.

Ueber die Anziehung einer homogenen Kugeloberfläche auf einen äußeren Punkt nach dem Newton'schen Gesetze. III, 74—76.

Der Weg eines Lichtstrahls durch eine Linse. IV, 129—133.

12) Darstellende Optik von F. Engel und K. Schellbach. Nebst 21 Kupfertafeln. 2. Auflage. Halle, H. W. Schmidt. 1861. 58 S.

13) Eine kurze Geschichte der Entstehung dieses Seminars und ein Verzeichnis der Mitglieder desselben während der ersten 25 Jahre seines Bestehens enthält die Jubiläumsschrift von Felix Müller: Chronik des von dem Herrn Professor Schellbach geleiteten Mathematisch-Pädagogischen Seminars 1855—1880. Berlin, Buchdruckerei von Kerskes u. Hohmann. 1880. 24 S.

14) Rudolf Virchow, Lernen und Forschen. Rede beim Antritt des Rectorats an der Friedrich-Wilhelms-Universität zu Berlin, gehalten am 15. Oktober 1892. Berlin, A. Hirschwald. 1892. S. 22.

15) Schellbach, Sechzig Jahre aus Müh' und Arbeit. S. 6.

16) Schellbach, Ueber den Inhalt und die Bedeutung des mathematischen und physikalischen Unterrichts auf unseren Gymnasien. Programm des Königlichen Friedrich-Wilhelms-Gymnasiums. Berlin 1866. S. 21.

17) Siehe Felix Müller, Chronik des Mathematisch-Pädagogischen Seminars. S. 7 u. f.

18) Rudolf Friedrich Alfred Clebsch (geb. 10. Januar 1833, gest. 7. Januar 1872) wurde im Herbst 1868 Professor in Göttingen.

19) F. G. Mehler, Hauptsätze der Elementar-Mathematik zum Gebrauche an Gymnasien und Realgymnasien. Mit einem Vorworte von Dr. Schellbach. Berlin, Georg Reimer, 1. Auflage 1859, 17. Auflage 1892. 212 S.

20) K. H. Schellbach, Neue Elemente der Mechanik, dargestellt und bearbeitet von G. Arendt. Berlin, Georg Reimer 1860. XII u. 292 S.

21) K. H. Schellbach, Mathematische Lehrstunden. Aufgaben aus der Lehre vom Größten und Kleinsten. Bearbeitet und herausgegeben von A. Bode und E. Fischer. Berlin, Georg Reimer. 1860. 154 S.

22) K. H. Schellbach, Sammlung und Auflösung mathematischer Aufgaben. Unter Mitwirkung des Dr. H. Lieber. Bearbeitet

und herausgegeben von E. Fischer. Berlin, Georg Reimer. 1863. 237 S. Die Sammlung enthält in der ersten Abteilung quadratische Gleichungen, in der zweiten Aufgaben aus der ebenen Geometrie, der Stereometrie, der sphärischen Trigonometrie, aus der angewandten Geometrie und Astronomie und aus der Mechanik und Physik.

23) Siehe die unter 13) angeführte Chronik S. 7.

24) Siehe oben 16).

25) K. H. Schellbach, Ueber die Zukunft der Mathematik an unseren Gymnasien. Berlin, Georg Reimer. 1887. 30 S.

26) Das Gedicht auf Schellbach's Tod von Otto Franz Gensichen lautet unverkürzt:

Wenn ein Gerechter sanft dahin geschieden,
Welcher mit echter Treue stets hinieden
Alle die Gaben, die ihm Gott bescherte,
Hegte und mehrte,

Nur um zu haben für der Armut Bitten,
Nur um zu laben, die da Mangel litten,
Geistig wie leiblich, dessen Werke werden
Dauern auf Erden.

Ob unausbleiblich auch verhallt sein Namen,
Keimt unbeschreiblich Frucht aus seinem Samen;
Späte Geschlechter ernten seiner Thaten
Reifende Saaten.

Preis Dir, Gerechter, auf des Dankes Psalter,
Der Du mit echter Treue als Verwalter
Gottes hinieden reiche Saat beschieden.
Ruhe in Frieden!

FSC
www.fsc.org
MIX
Papier | Fördert
gute Waldnutzung
FSC® C083411

Kolibri 360 GmbH
Ferdinand-Jühlke-Straße 7
99095 Erfurt, Deutschland
produktsicherheit@kolibri360.de